BEI GRIN MACHT SICH IHR WISSEN BEZAHLT

AF150147

- Wir veröffentlichen Ihre Hausarbeit, Bachelor- und Masterarbeit

- Ihr eigenes eBook und Buch - weltweit in allen wichtigen Shops

- Verdienen Sie an jedem Verkauf

Jetzt bei www.GRIN.com hochladen und kostenlos publizieren

Corinna Mailänder

Export von E-Waste und damit verbundene Risiken in Empfängerländern

GRIN Verlag

Bibliografische Information der Deutschen Nationalbibliothek:

Die Deutsche Bibliothek verzeichnet diese Publikation in der Deutschen National-
bibliografie; detaillierte bibliografische Daten sind im Internet über http://dnb.d-
nb.de/ abrufbar.

Impressum:

Copyright © 2012 GRIN Verlag GmbH
Druck und Bindung: Books on Demand GmbH, Norderstedt Germany
ISBN: 978-3-656-70941-1

Dieses Buch bei GRIN:

http://www.grin.com/de/e-book/277948/export-von-e-waste-und-damit-verbundene-
risiken-in-empfaengerlaendern

GRIN - Your knowledge has value

Der GRIN Verlag publiziert seit 1998 wissenschaftliche Arbeiten von Studenten, Hochschullehrern und anderen Akademikern als eBook und gedrucktes Buch. Die Verlagswebsite www.grin.com ist die ideale Plattform zur Veröffentlichung von Hausarbeiten, Abschlussarbeiten, wissenschaftlichen Aufsätzen, Dissertationen und Fachbüchern.

Besuchen Sie uns im Internet:

http://www.grin.com/

http://www.facebook.com/grincom

http://www.twitter.com/grin_com

Export von E-Waste und damit verbundene Risiken in Empfängerländern

Kultur und Gesellschaft. Wirtschaftsgeographie: Kulturelle Geographien der Ökonomie

Wintersemester 11/12

M.A. Geographien der Globalisierung – Märkte und Metropolen

Essay von Corinna Mailänder

Abgabetermin: 13.04.2012

Inhaltsverzeichnis

1 Einleitung

Eine Exkursion nach Kairo brachte mich auf die Idee für das Thema dieses Essays. Dort angekommen, fielen mir ziemlich bald Autos und andere Gefährte auf, die zwar ein ägyptisches Nummernschild trugen, unter denen jedoch ein europäisches – hauptsächlich aus den Niederlanden oder Deutschland – zu sehen war. Später sah ich in einem traditionellen Viertel mitten auf dem Weg eine alte Schiffschaukel, die ebenfalls sehr danach aussah, als sei sie ein ausrangiertes Stück aus einem Industrieland.

Schnell verknüpfte ich diese Eindrücke mit einem Text, den ich voriges Semester zu bearbeiten hatte: Die Autoren beschreiben darin, wie eine Wertschöpfungskette beileibe nicht mit dem Konsum eines Produktes aufhört, wie viele Menschen spontan wahrscheinlich annehmen. Im Gegenteil, in ihrem Beispiel geht es um alte Schiffe, die an einem Hafen in Bangladesch verschrottet werden bzw. deren Inneneinrichtung dort zu einem großen Teil wieder hergerichtet und an die wachsende Mittelschicht vergleichsweise kostengünstig weiterverkauft wird – man könnte somit sagen, dass sich die Wertschöpfungskette hier sogar in einem Kreislauf befindet, weit entfernt also vom „Ende".

So entstand bei mir die Idee, diesen Essay über den Export von Gebrauchtwaren, speziell Autos, aus Industrieländern in Entwicklungsländer zu schreiben. Während der Literaturrecherche stellte sich dies allerdings als etwas schwierig heraus, da nicht allzu viel dazu zu finden war – stattdessen stieß ich auf das Phänomen des E-Waste-Exports, wovon die vorliegende Arbeit nun letztendlich handelt. Unter E-Waste wird elektronischer Müll verstanden, wie bspw. veraltete Computer oder Mobiltelefone, die gegen neue ausgetauscht und daraufhin entsorgt werden. Die meisten davon werden zum Recycling in Entwicklungsländer exportiert, was für die Exportnationen zahlreiche Vorteile bringt. In den Zielländern hingegen verursachen diese alten elektronischen Geräte bei der Weiterverarbeitung durch das Austreten giftiger Inhaltsstoffe verschiedenste Probleme von Krankheiten über ökologischen Schäden bis hin zu politisch-wirtschaftlichen Aspekten wie der Förderung des Schwarzmarktes oder die Umgehung („Interpretation") von Gesetzen. Die Rolle der Exporteure sowie die Folgen des Exports von E-Waste werden in diesem Essay untersucht, zusätzlich werden Regulierungen seitens Nichtregierungsorganisationen sowie Regierungen beleuchtet. Zunächst folgt jedoch eine Darstellung der theoretischen Grundlagen zu Wertschöpfungsketten.

2 Theorie Globale Wertschöpfungsketten

Was genau sind eigentlich Wertschöpfungsketten? Das Konzept der „Globalen Wertschöpfungskette" wurde Anfang der 1990er-Jahre von Sozialwissenschaftlern aufgrund der neuartigen Einbettung des Südens in die Produktion für den Norden entwickelt, die neue Arten von Arbeitsteilung und Welthandel auf globaler Ebene hervorbrachte (Schamp 2008: 4). Eine Wertschöpfungskette beinhaltet demnach alle Aktivitäten, die Firmen und Arbeitskräfte unternehmen, um ein Produkt von der Konzeption zum Endverbrauch und ggf. noch darüber hinaus zu bringen, also neue Werte zu schöpfen. Diese Aktivitäten können innerhalb einer einzigen Firma laufen oder auch auf mehrere aufgeteilt sein, sie können sowohl Güter als auch Dienstleistungen hervorbringen sowie nur auf einen geographischen Ort beschränkt sein oder aber auf viele verschiedene – dann werden sie zu globalen Wertschöpfungsketten (Global Value Chains Initiative 2006: o.S.). Die Prozesse bzw. Stationen, unter denen zusammen genommen meist eine Wertschöpfungskette verstanden wird, sind Produktentwicklung, Produktion, Transformation, Transport, Kommission, Distribution und Konsument. Durch verbesserte Effizienz, die mit Wertschöpfungsprozessen einhergeht, verändert sich auch die globale Wirtschaft, und zwar in zweierlei Hinsicht: 1. Die weltweite Arbeitsteilung wandelt sich, da diese Prozesse eine viel größere geographische Ausdehnung bedeuten als früher. 2. Die Anteile der einzelnen Schritte gemessen an der gesamten Wertschöpfung eines Produktes wandeln sich ebenfalls: Die Produktion nimmt zunehmend weniger Raum ein, das sie in Billiglohnländer des Südens ausgelagert wird. Zudem steigert sich die Produktivität durch die Einführung neuer Techniken bei der Herstellung. Einen größeren Raum hingegen nehmen Logistik, Produktentwicklung und Marketing ein. Diese gehen im Gegensatz zur Produktion hauptsächlich in den reichen, nördlichen Ländern vonstatten. Hier findet auch eine Verschiebung von vormals sogenannten *producer driven value chains*, bei denen die Produzenten den Absatz sowie die Zulieferer selbst organisieren, hin zu den *buyer driven value chains*, bei denen starke Marken und der Vertrieb zu privaten Kunden helfen, sich im Konkurrenzkampf durchzusetzen, statt. Ein verändertes Verhalten der Verbraucher und dazu ein Strukturwandel in der Einzelhandelsbranche waren der Grund dafür, dass mittlerweile nur eine geringe Anzahl an Großkonzernen ihr jeweiliges Marktsegment dominiert. Am Beispiel Deutschland lässt sich somit feststellen, dass über 60 % allen Umsatzes im Lebensmittel-Einzelhandel auf wenige Unternehmen wie Metro, Rewe, Edeka und Tengelmann entfallen. Ähnlich sieht es im Tourismussektor mit TUI und Thomas Cook aus sowie in der Branche der Sportschuhe mit Nike und Adidas – dabei stellen sie alle ihre Produkte nicht selbst her, sondern lassen dies von anderen durchführen. Der Marktzugang wird hierbei zum wichtigsten Faktor im Wettbe-werb (Schamp 2008: 4-6).

Ein bedeutender Aspekt innerhalb dieser komplexen Prozesse ist des Weiteren die sogenannte *Governance*, d.h. auf welche Weise eine globale Wertschöpfungskette gesteuert werden kann. Dabei versuchen die Hauptunternehmen, möglichst viele Risiken in Produktion und Finanzie-rung auf Firmen in anderen Staaten aufzuteilen, was erst durch Anpassungen in der Regulie-rung der globalen Ökonomie machbar wurde. Als größte Veränderungen diesbezüglich wur-den durch das GATT (General Agreement on Tariffs and Trade) und die WTO (World Trade Organization) internationale Warenmärkte liberalisiert und gleichzeitig die Macht der Verkäu-fer bzw. Hersteller gemindert, die weltweiten Finanzmärkte dereguliert und als Folge interna-tionale Finanzrisiken verringert, Kosten in Transport und Transaktion reduziert, die Strategie der bisherigen Importsubstitution geändert zu einer neuen, exportorientierten Strategie, und schließlich entwickelten sich im Vertrieb neue globale Dienstleistungsfirmen (ebd.: 8).

Bei der Governance wird in Bezug auf die Komplexität des Informations- und Wissenstrans-fers, die Kodifizierung von Wissen und Information sowie das Leistungsvermögen von Zulie-ferern zwischen fünf unterschiedlichen Arten von globalen Wertschöpfungsketten differen-ziert: 1. Marktgetriebene Wertschöpfungskette: Die Vorgänge sind wenig komplex und die Kodifizierung gering, dadurch können kleine Zulieferer relativ leicht ausgetauscht werden. 2. Modulare Wertschöpfungskette: Hier stellen die Zulieferer praktisch alles selbst her, nicht nur bestimmte Einzelteile, und haben damit die volle Verantwortung für die Kompetenzen in Technologie und Maschinennutzung. Trotzdem bleibt es weiterhin recht einfach neue Partner zu finden, da die Kodifizierung noch nicht allzu hoch ist. 3. Relationale Wertschöpfungskette: Durch komplexe Interaktionen und also hoher Kodifizierung zwischen Einkäufern und Ver-käufern entsteht oft eine gegenseitige Abhängigkeit, die das Wechseln zu anderen Einkäufern bzw. Zulieferern sehr schwierig macht. Diese Wertschöpfungsketten basieren meist auf Ver-trauen statt Verträgen und rechtlichen Drohungen, nicht zuletzt, da häufig familiäre oder eth-nische Bindungen zwischen den Partnern bestehen. 4. Gebundene Wertschöpfungskette: Hier sind kleine Zulieferer mit geringer Kompetenz abhängig von großen Einkäufern, die viel Kontrollmacht und weitreichende Marktkenntnisse besitzen. Somit sind die Produzenten ver-gleichsweise leicht austauschbar. 5. Hierarchische Wertschöpfungskette: In einer vertikalen Integration wird hier firmenintern produziert, d.h. alle Wertschöpfungsstufen bleiben in der Hand eines transnationalen Unternehmens, es gibt also keine externen Zulieferer (Gereffi, Humphrey und Sturgeon 2005: 83-87).

Damit Käufer und Produzenten ihre Transaktionen richtig durchführen können, ist eine rechtliche Grundlage essentiell, diese ist jedoch meist in verschiedenen nationalen Territorien unterschiedlich. Dadurch erwachsen bei einer globalen Wertschöpfungskette neue Risiken, besonders auch da in den nördlichen Staaten die Ansprüche in mehrerlei Hinsicht gestiegen sind – in Bezug auf die Umweltverträglichkeit von Produkten und mehr Wissen über deren Herkunft, in Bezug auf die Qualität der Produkte sowie in Bezug auf die Produktionsbedingungen (bspw. Kinderarbeit). Doch Regulierungen von Regierungen wird immer weniger Bedeutung beigemessen, stattdessen rücken private Organisationen mehr in den Vordergrund, die eigene Standards aufstellen wie Qualitätssiegel (z.B. Fairtrade) (Schamp 2008: 9).

Durch die weltweite Ausdehnung von Wertschöpfungsketten wird in den südlichen Ländern die schon bestehende ungleiche regionale Entwicklung häufig noch weiter verstärkt. So hinken Kleinbauern mehr und mehr großen Produktionsfirmen hinterher, da ihre Arbeit als zu teuer und nicht flexibel genug gilt, um sich auf verändernde Märkte anzupassen. Es entsteht damit ein Dilemma: Exportwachstum vs. soziale Kosten. Um sich aus der oft bestehenden zu großen Abhängigkeit von großen Einkäufern zu befreien, müssten die Firmen im Süden also ihre Produktionsprozesse und die Bandbreite ihrer Produkte verbessern, ihre Tätigkeiten ausweiten (eigene Logistik und Vermarktung) sowie ihre Produkte in neue Märkte exportieren oder gar komplett neue Produkte vertreiben, sodass sie nicht mehr von nur einem Großunternehmen abhängig sind. Allerdings ist das Thema der globalen Wertschöpfungsketten so komplex und vielschichtig, dass auch zunehmend weniger verallgemeinert werden kann bzgl. des Verhältnisses zwischen den Ländern aus Norden und Süden (Schamp 2008: 9-11). Auch das Thema E-Waste handelt von Ketten, wenn auch andersherum – oder vielleicht einfach als Verlängerung: Die Wertschöpfungskette der Computerproduktion endet dabei nicht einfach beim Konsument, der sich im Laden einen PC kauft. Nach ein paar Jahren schon gilt dieser als veraltet und es stellt sich die Frage: Wohin damit? Hier setzt dann die neue/verlängerte Kette an, denn die Entsorgung elektronischer Geräte beinhaltet durchaus vergleichbare Aspekte und lange „Ent-Produktions"-Wege.

3 E-Waste und dessen Folgen für Umwelt und Menschen

Die Elektro- und IT-Industrie ist die weltweit größte und am schnellsten wachsende verarbeitende Industrie, weshalb als unangenehmer Folgeeffekt auch der daraus resultierende „E-Waste" die am schnellsten wachsende Abfallkette der industrialisierten Welt darstellt (Basel Action Network o.J.). Bspw. wurden 2006 in Kanada über 140.000 t elektronische Ausrüstung entsorgt, das würde nach Gewicht mehr als einer Milliarde iPhones entsprechen. Hingegen wurden 2007 „lediglich" weniger als 1,3 Mio. neue iPhones von Apple verschifft. Die E-Waste-Flüsse sind dabei weder linear, d.h. sie haben keinen Endpunkt, da fast alles noch weiterverarbeitet wird, noch zyklisch – das würde bedeuten, dass entnommenes Material in dem Industriesektor bleibt, aus dem es ursprünglich kam, z.b. Elektroproduktion, doch dem ist bei Weitem nicht so. Aus verschiedenen Gründen (s.u.) wird von Industrieländern zwischen 50 % und 80 % des E-Wastes exportiert, der eigentlich im eigenen Land recyclet werden soll – stattdessen wird dieser dann oft manuell von den sozioökonomisch am meisten marginalisierten Menschen Afrika und vor allem Asien verarbeitet (Lepawsky und McNabb 2010: 178, 186). Doch was ist das Schlimme an E-Waste?

Das nicht nur Schlimme, sondern sogar Gefährliche daran ist, dass E-Waste bis zu 1000 giftige Substanzen enthält (Iles 2004: 76), die bei der Entsorgung unzählige negative Folgen haben. Unter den giftigen Substanzen gibt es zwei Hauptkategorien – Schwermetalle und Quecksilber sowie bromierte Flammenschutzmittel. Beim Recycling können diese Substanzen leicht austreten und dann ernste Umweltprobleme verursachen, z.B. können Boden und Grundwasser verseucht oder die Luftverschmutzung verschlimmert werden (Tong und Wang 2004: 609). Ein Beispiel aus der südchinesischen Küstenstadt Guiyu: Großflächiger Import von E-Waste begann hier Anfang der 1990er-Jahre und nicht viel später verschwand der heimische Fisch aus lokalen Flüssen. Das Grundwasser war so verseucht, dass es weder für Tier noch für Mensch genießbar war, also wird seit 1997 Wasser aus anderen nahen Städten importiert. Zudem treten vermehrt Atemerkrankungen auf – mehr als 50 % der Schüler einer befragten Schule haben Probleme beim Atmen. Ähnliches findet man in Taiwan: Giftige Chemikalien aus Computern werden einfach in Flüsse gekippt, was bei der Bevölkerung Augenprobleme, Asthma, Müdigkeit, Kopfweh, Brustschmerzen, Schwindel und Muskelschmerzen verursachte. Beispiele wie diese gibt es zu Hauf vor allem an Chinas Küsten, aber auch in anderen asiatischen und afrikanischen Ländern. Doch der E-Waste kommt mittlerweile nicht mehr nur aus den westlichen Industrieländern, sondern auch die asiatischen Staaten selbst schaffen sich immer mehr davon: Die Reichsten (Japan, Taiwan, Thailand, Südkorea, Singapur, Malaysia und sogar Hongkong) schicken ihre ungewollten Computer in die anderen, ärmeren Länder, die sie dann recyclen (China, Indien, Indonesien, Pakistan, Philippinen) (Iles 2004: 86f.).

Spätestens hier drängt sich deutlich die Frage auf, warum denn E-Waste überhaupt exportiert wird. Da Konsumenten der Industrieländer lieber neue Computer kaufen als die alten aufwerten zu lassen, werden Jahr für Jahr enorme Mengen an Computern ausrangiert. Nun verfügen die meisten westlichen Länder nur über wenig Recyclingmärkte und dafür nötige Infrastruktur, somit ist der Export von Altwaren „notwendig". 1998 wurden in den USA bspw. lediglich 11 % der veralteten PCs recyclet. Auch automatisiertes Recycling ist technisch und ökonomisch noch nicht machbar: Es gibt zu viele unterschiedliche Computerdesigns, das Sortieren der Komponenten ist problematisch und die Technologie dafür noch zu jung. All dies muss also manuell gemacht werden, was zu kostspielig ist – doch in den Entwicklungsländern können diese Tätigkeiten viel günstiger durchgeführt werden. Zudem sind die Recyclingkulturen, Abfallmärkte und Händlernetzwerke größer und besser etabliert als in vielen Industrieländern, außerdem sind die dortigen Konsumenten eher bereit Secondhand-Ware zu kaufen (ebd.: 97-82). Aus Sicht der Entwicklungsländer gibt es jedoch noch einen weiteren Grund, E-Waste zu importieren: Das E-Waste-Recycling spielt eine bedeutende Rolle in der Industrialisierung ländlicher Gebiete. Dort besteht große Nachfrage an arbeitsintensiven Industrien für Arbeitsmöglichkeiten für ungelernte Arbeiter, außerdem herrscht ein hoher Bedarf an kostengünstigen Rohmaterialien, um den heimischen Mangel zu verringern. In China bspw. waren während des Übergangs zur Marktwirtschaft die meisten Rohmaterialien schwer zu beschaffen, deswegen stellten Gebrauchtmaterialien eine wichtige Alternative dar und einen Grund, die oft durchaus bekannten Risiken des E-Wastes in Kauf zu nehmen (Tong und Wang 2004: 612, 614).

Doch natürlich entstanden mit der Zeit auch internationale politische Richtlinien, die den Verkehr von E-Waste regulieren sollen. Am bekanntesten ist hierbei wohl die Basel Konvention, die 1989 in Basel verabschiedet wurde, 1992 in Kraft trat und derzeit von 170 Staaten unterzeichnet ist. In erster Linie sollte die Konvention eine Antwort auf die steigende Anzahl von „Müllgesetzen" der Industrieländer darstellen, die die Kosten für heimische Entsorgung in die Höhe trieben und finanzielle Anreize boten den Abfall zu exportieren. Die Konvention beinhaltet eine Liste an giftigen Abfällen und eine Richtlinie, dass sowohl Exportabsicht als auch Importzustimmung vorab bekannt gegeben werden müssen. Seit 1994 gibt es zusätzlich den Vorschlag des sogenannten „Basel Bans", der den Export von Giftmüll aus den sogenannten Annex VII-Ländern (EU, OECD, Liechtenstein) in nicht-Annex VII-Länder generell verbieten will. Allerdings sind die Lager hier in zwei Blöcke geteilt – die entwickelten vs. die weniger entwickelten Länder, somit ist der Basel Ban derzeit noch nicht von genügend Staaten ratifiziert (Lepawsky und McNabb 2010: 178f.). Auch die Basel Konvention, die das einzige weltweite Müllabkommen dieser Art ist, wurde bisher von drei Staaten zwar unterschrieben, aber noch nicht ratifiziert: von Haiti, Afghanistan und den USA, dem schlimmsten Akteur bzgl. E-Waste, da dort am meisten Abfall pro Kopf produziert wird (Basel Action Network o.J.). Neben der Basel Konvention verbietet (zumindest offiziell) seit 2000 auch die chinesische Umweltorganisation SEPA (China's State Environmental Protection Agency) den Import von kaputten Computern, Monitoren, Röhrenfernsehern und Ähnlichem (Tong und Wang 2004: 614). Doch auch weitere Regierungen haben bereits Maßnahmen ergriffen. In der EU, Japan und Taiwan wurden Gesetze erlassen, dass Hersteller überholte Technologiegeräte zur Wiederverwertung zurücknehmen müssen, und die EU verlangt seit 2006, dass giftige Materialien nicht mehr bei der Produktion von elektronischen Geräten benutzt werden. Andere Regierungen (z.b. China, Mexiko und Thailand) haben Handelskontrollen für Im- und Exporte eingeführt und besonders in China gibt es seit 2001 strengere Importkontrollen sowie Kampagnen gegen illegale Importe (Iles 2004: 77, 98).

Warum aber wird trotz allem so viel E-Waste von Entwicklungsländern eingeführt, wo es doch zahlreiche Bestimmungen dazu gibt? Schon die Basel Konvention weist drei große Gesetzeslücken auf: 1. Eine universelle Definition von Giftmüll ist schwierig wegen teils verschiedener Definitionen in den einzelnen Ländern. 2. Grenzüberschreitende Bewegungen von Giftmüll zwischen Basel-Vertrags- und Nicht-Vertragspartnern ist erlaubt, wenn er ökologisch nicht weniger korrekt ist als von der Konvention aufgestellt. 3. Grenzüberschreitende Bewegungen von Giftmüll sind erlaubt, wenn sie der Wiederverwertung dienen – dies führt also nur zu einer Neukategorisierung der Materialien von „zu entsorgen" nach „zu recyclen". Aber auch andere Klauseln der Konvention lassen viel Interpretationsspielraum (Lepawsky und McNabb 2010: 178f.). Zudem werden Verantwortlichkeiten für ökologische, gesundheitliche, soziale und entwicklungstechnische Bedingungen hin und her geschoben: Viele Akteure der Computerindustrie fordern von den Produktionsländern mehr Verantwortlichkeit für E-Waste, während deren Aktivisten und politische Entscheidungsträger von den Konsumentenländern mehr Verantwortlichkeit verlangen, da diese so stark von den PCs profitieren, die in Asien hergestellt werden. Einige Nichtregierungsaktivisten (u.a. Greenpeace und das Basel Action Network – eine global aktive Organisation, die gegen den Export von Giftmüll kämpft) fordern inzwischen auch von Produzenten eine Rücknahme zum Recyclıng und eine vorsorgliche schrittweise Entfernung von Giften aus elektronischen Geräten. Ein weiterer wichtiger Aspekt ist, dass der größte Verursacher von E-Waste – die USA – ihren Export nicht kontrolliert. Außerdem kann eine strengere einheimische Regulierung dort einen Zuwachs an E-Waste-Exporten bedeuten, wenn bspw. alte Computer nicht auf einer Mülldeponie abgeladen, aber exportiert werden dürfen (Iles 2004: 77, 100).

Andere Verträge zur Regulierung von E-Waste werden schlicht nicht korrekt umgesetzt (z.B. in Chinas Küstengebieten), da die Recycler Unternehmen von kleinen Gemeinde-/Dorfbesitzern sind, die ungelernte Arbeiter anstellen und wenig entwickelte Ausrüstung nutzen. Sie liegen oft an Häfen mit unpraktischem Zugang zum Markt und sind dadurch schwierig zu kontrollieren, dies wiederum begünstigt Schmuggel und Schwarzmarkthandel. Teils fehlt es aber auch einfach an Ressourcen die Regulierungen anzuwenden, so ist es bspw. schwer an brauchbare Daten zu kommen, da viel mehr kleine Firmen am Recycling von E-Waste beteiligt sind als von der Regierung autorisiert (Tong und Wang 2004: 613f.). Nicht zuletzt fehlen ökologische Probleme auf politischen Tagesordnungen (Iles 2004: 88).

Doch die Hoffnungen, die in den Entwicklungsländern oft mit dem Recycling von E-Waste verbunden sind, bringen gleichzeitig meist auch Probleme mit sich. So werden durchaus neue Arbeitsplätze in diesem Sektor geschaffen, aber die Arbeitsbedingungen dort sind häufig sehr ausbeuterisch (in China beträgt der Stundenlohn z.t. 0,17 €/h). Die gewünschten billigen Rohmaterialien, die die Industrialisierung vorantreiben sollen, sind manchmal von schlechter Qualität oder mit Blei kontaminiert. Durch rudimentäre Recyclingmethoden sind die Arbeitern unmittelbar gefährlichen Materialien und somit Gesundheitsrisiken ausgesetzt. Gleichzeitig gibt es noch keine medizinischen Studien und Angestellte weigern sich über Krankheiten zu sprechen. Asiatische Regierungen begrüßen vermehrt auch Computerspenden, um die Wirtschaft anzukurbeln, das Bildungssystem zu verbessern und die „Entwicklungsleiter" hochzuklettern. Allerdings hat dies ein schnelles, noch weniger gesteuertes Wachstum an E-Waste zur Folge und die Spenderländer verfolgen die Zielländer nicht, es wird also nicht darauf geachtet, dass die Entsorgung ökologisch verantwortungsvoll geschieht. Nicht zuletzt werden viele der gespendeten Computer in den Schulen überhaupt nicht genutzt, da die Lehrer kein Training bekommen, Software fehlt oder es keinen Reparaturservice gibt. Die Regierungen schieben dabei die Last auf ärmere Gemeinden ab, die aus der Not heraus bereit sind im informellen Sektor zu arbeiten (Iles 2004: 84-87, 96f.).

4 Fazit

Das Thema Recycling von E-Waste und die damit verbundenen negativen Folgen für Gesundheit und Umwelt waren unausweichlich. Neben all den Fortschritten in der Entwicklung elektronischer Geräte bringt diese doch auch erhebliche Nachteile mit sich, die zudem noch höchst ungleich verteilt sind – die Industrieländer, die in praktisch allen Aspekten des Lebens besser da stehen, profitieren von Geräten, die stets auf dem neuesten technischen Stand sind, während die Entwicklungsländer nun auch noch eine zusätzliche Bürde aufgelegt bekommen.

Das Recycling von E-Waste könnte für letztere jedoch durchaus diverse Vorteile ergeben, was man nicht zuletzt daran sieht, dass sie trotz der vielen Risiken den Import von Giftmüll in Kauf nehmen. Hier wird deutlich, dass die bestehenden Regulierungen eindeutig einer Überarbeitung und vor allem Präzisierung bedürfen, Grauzonen müssen ausgelöscht, Kontrollen verstärkt werden. Betroffene Völker müssen Daten über ökologische und gesundheitliche Folgen zur Verfügung haben, die sie für Protestbewegungen nutzen können, sonst bleiben sie weiterhin durch skrupelloses Unternehmertum angreifbar. Doch vor allem gibt es auch für Wissenschaftler und Forschung in diesem Bereich viel zu tun. Anfänge sind geschaffen mit vereinzelten theoretischen Ansätzen wie dem ökologischen Rassismus, der sich damit beschäftigt, wie Rassen und ethnische Gruppen Verschmutzung und Giften ungleich ausgesetzt sind, dem vorbeugenden Ansatz der ökologischen Gerechtigkeit, der erforscht, wie Risiken entstehen (Iles 2004: 77, 88), oder der Hypothese des „Pollution Haven" zur Verschiebung von verschmutzungsintensiver wirtschaftlicher Aktivität (Lepawsky und McNabb 2010: 180). Aber insgesamt muss dringend intensiver geforscht und die bestehenden Ansätze ausgereift werden, vor allem auch vermehrt von Wissenschaftlern statt hauptsächlich NGOs, damit mehr und differenziertere Daten vorhanden sind.

5 Literaturverzeichnis

Basel Action Network (o.J.): Executive Summary: Are We Building High-Tech-Bridges or Waste Pipelines? Internet: http://ban.org/BANreports/10-24-05/documents/ExecutiveSummary.pdf (12.04.2012)

Gereffi, G., J. Humphrey und T. Sturgeon (2005): The governance of global value chains. *Review of International Political Economy* 12 (1): 78-104.

Global Value Chains Initiative (2006): Concepts and Tools. Internet: http://www.globalvaluechains.org/concepts.html (06.04.2012)

Iles, A. (2004): Mapping Environmental Justice in Technology Flows: Computer Waste Impacts in Asia. *Global Environmental Politics* 4 (4): 76-107.

Lepawsky, J. und C. McNabb (2010): Mapping international flows of electronic waste. *The Canadian Geographer* 54 (2): 177-195.

Schamp, E. W. (2008): Globale Wertschöpfungsketten. Umbau von Nord-Süd-Beziehungen in der Weltwirtschaft. *Geographische Rundschau* 60 (9): 4-11.

Ton, X. und J. Wang (2004): Transnational Flows of E-Waste and Spatial Patterns of Recycling in China. *Eurasian Geography and Economics* 45 (8): 608-621.